TRAITÉ

DE

CALCUL MENTAL.

SOUS PRESSE, DU MÊME AUTEUR.

ARITHMÉTIQUE DES ENFANTS.

TRAITÉ
DE CALCUL ÉCRIT,

OUVRAGE DESTINÉ AUX JEUNES ENFANTS,

et faisant

SUITE AU TRAITÉ DE CALCUL MENTAL.

EN VENTE CHEZ A. GAUTIER,
rue Dauphine, n° 26.

LA GÉOMÉTRIE DES OUVRIERS,

PRÉCÉDÉE

D'UNE INTRODUCTION A L'ARITHMÉTIQUE,

Fait en collaboration avec

A. GAUTIER, ancien élève de l'École des Beaux-Arts,
employé dans les travaux publics;

UN JOLI VOLUME IN-18 CARTONNÉ.

Prix : 2 francs.

L'ARITHMÉTIQUE DES ENFANTS.

TRAITÉ

DE

CALCUL MENTAL,

OUVRAGE ACCOMPAGNÉ DE PLUS DE **1000** PROBLÈMES,

et destiné

AUX MÈRES DE FAMILLE, AUX INSTITUTEURS ET INSTITUTRICES,

AUX DIRECTEURS ET DIRECTRICES DE SALLES D'ASILES,

suivi d'un exposé complet du

SYSTÈME MÉTRIQUE,

MIS A LA PORTÉE DES PLUS JEUNES ENFANTS;

PAR A. RISPAL,

Professeur de mathématiques, agrégé de l'Université.

Prix : 60 cent.

SE VEND

A BATIGNOLLES-MONCEAUX, CHEZ M. DUCHÉ,

rue du Hàvre, n° 3;

ET A PARIS CHEZ M. GAUTIER, RUE DAUPHINE, N° 26;

ET CHEZ LES PRINCIPAUX LIBRAIRES.

1854.

INTRODUCTION.

Ce que l'on nomme *Calcul mental* est l'art de trouver de mémoire, sans l'aide de signes écrits, le résultat d'un calcul simple. On s'étonne, à juste titre, de voir beaucoup d'hommes instruits, habiles même dans les sciences mathématiques, incapables de faire l'opération la plus facile, dès qu'ils sont privés des moyens d'écrire ; et cependant, des paysans, des ouvriers, des hommes qui souvent ne savent pas même lire, arrivent au résultat demandé avec une rapidité et une exactitude que souvent on admire ! L'explication de ce fait est facile à donner : ces derniers ont eu le meilleur des maîtres, la nécessité ; destitués des moyens de fixer leurs pensées, ils ont été forcés de les confier à leur mémoire, et un prompt et fréquent exercice les y a bientôt habitués ; les autres, se fiant à l'écriture, ont négligé d'exercer la faculté des souvenirs.

Il y a donc une lacune dans l'enseignement de l'arithmétique ; nous avons essayé de la combler au moyen d'un petit ouvrage également applicable à l'enseignement privé et à l'instruction publique. Ce n'est pas que, sous des noms honorables, on n'ait déjà publié des traités de calcul mental ; mais aucun d'eux ne nous semble avoir atteint le but que s'étaient proposé les auteurs. L'enfant qui a suivi ces méthodes sait, comme une machine, calculer les petits nombres ; mais il n'a point saisi le mécanisme admirable de la numération, mécanisme dans lequel est en germe toute la science des nombres. En un mot, l'élève, quand il aura besoin d'apprendre à lire et à écrire les nombres, aura une éducation nouvelle à faire : il devra apprendre de nouvelles dénominations et les principes fondamentaux de la numération écrite, bien qu'ils soient identiques à ceux de la numération parlée ; aussi voyons-nous journellement, dans la presque totalité des écoles primaires, dans les pensions, même dans les lycées, des enfants qui, quoique assez avancés dans le calcul, ne lisent que difficilement un nombre écrit en chiffres, lorsqu'il est un peu long.

Nous avons essayé d'éviter ces inconvénients. Apprendre aux plus jeunes enfants à compter, non jusqu'à cent, jusqu'à mille ou jusqu'à telle limite déterminée, mais bien depuis *un* jusqu'à l'*infini* : leur faire parfaitement comprendre cette série des ordres décimaux, dans laquelle un groupe quelconque exprime dix unités du groupe immédiatement inférieur ; leur faire sentir cette admirable classification ternaire par unités, dizaines, centaines, classification qui est la clé de toute l'arithmétique, et qui permet, lorsqu'on sait déjà exprimer les nombres jusqu'à mille, de les exprimer jusqu'à l'infini ; enfin, les mettre en état d'exécuter, même avant de connaître les chiffres, tous les calculs de l'arithmétique, à l'aide de la seule mémoire : voilà l'objet de notre petit livre.

Avec cette méthode, l'enfant, non seulement saura compter, mais, ce qui est encore plus important, il aura compris ce mécanisme si simple et si admirable dans sa simplicité. Il sera devenu apte à saisir, en quelques leçons, l'art de représenter les nombres par des signes écrits, et on pourra dire qu'il saura déjà implicitement toute l'arithmétique; car, dans son intelligence et dans sa mémoire, au lieu de notions machinales et purement mnémotechniques, sera déposé un germe qui ne peut que s'accroître et se développer par le temps.

C'est aux MÈRES spécialement que nous dédions ce travail, aux mères, dont le vœu le plus ardent est le bonheur et l'éducation des petits êtres sur lesquels elles veillent avec tant de sollicitude. Leur ingénieuse tendresse saura bien encore simplifier et rendre agréable à leurs enfants l'essai que nous osons livrer au public. Puissent-elles en tirer le meilleur parti dans l'intérêt de la génération naissante ; puissent-elles éviter ainsi aux objets de leur affection les larmes que leur font si souvent répandre les premières épines qu'ils rencontrent aux abords de la science !

Les maîtres aussi tireront de cette méthode de

nombreux avantages. Non seulement leurs enfants seront bien mieux préparés aux classes plus avancées, mais encore ils apprendront avec plus de goût, et la discipline n'en deviendra que plus douce et pour l'élève et pour le maître. Qu'ils fassent de cette étude une sorte de récréation; que les enfants, sans cesse tenus en haleine par des questions adressées au hasard parmi eux, soient encore excités par l'appât des récompenses. Un certain nombre de bons points donné à celui qui rencontre juste; un nombre pareil, payé par celui qui se trompe, fera de l'étude une vraie récréation où l'élève apportera tout son zèle et toutes ses facultés.

TRAITÉ

DE

CALCUL MENTAL.

PREMIÈRE PARTIE.

Unités simples ou unités du premier ordre.

NOTIONS PRÉLIMINAIRES.

1. Quand on ajoute une pomme à une autre pomme, puis encore une pomme, puis encore une autre, et toujours de même, on dit que l'on a PLUSIEURS pommes.

Toutes ces pommes forment ce que l'on appelle un NOMBRE de pommes.

Au lieu de réunir des pommes on pourrait ajouter des poires, des prunes ou n'importe quels objets, et cela eût toujours été appelé un NOMBRE de poires, un NOMBRE de prunes, un NOMBRE d'objets.

Ainsi une réunion de plusieurs choses s'appelle un *nombre* de choses.

2. Pour reconnaître plus facilement tous les différents NOMBRES on a donné des noms à chacun.

Quand on commence par *un* objet, et qu'on lui ajoute ensuite plusieurs objets, l'un après l'autre, si l'on dit le nom de tous ces nombres, cela s'appelle COMPTER.

Quand, au lieu d'ajouter les objets l'un après l'autre, on en ajoute plusieurs à la fois, ou bien on en ôte un ou plusieurs à la fois, cela s'appelle CALCULER.

Nous allons enseigner : 1° à compter; 2° à calculer.

CHAPITRE PREMIER.

3. Un objet tout seul s'appelle *unité*.

Une pomme avec une autre pomme forment *deux* pommes. Ainsi : *un* et *un* s'appellent *deux*.

Deux poires avec une poire forment *trois* poires. Ainsi : *deux* et *un* s'appellent *trois*.

De même :

Trois et *un* s'appellent *quatre*.

Quatre	et *un*	—	*cinq.*
Cinq	et *un*	—	*six.*
Six	et *un*	—	*sept.*
Sept	et *un*	—	*huit.*
Huit	et *un*	—	*neuf.*
Neuf	et *un*	—	*dix.*

On voit par là que les premières unités s'appellent *un, deux, trois, quatre, cinq, six, sept, huit, neuf* et *dix*.

CHAPITRE II.

QUESTIONS.

4. Ire. — Pierre a *dix* pommes ; il en mange une, combien lui en reste-t-il encore ?

II.— Jules a *neuf* billes ; il en perd *une*, combien lui en reste-t-il ?

III. — Adolphe a *huit* sous dans sa bourse ; il en a dépensé *un*, combien en a-t-il encore ?

IV. — Alfred a aujourd'hui *sept* ans, quel âge avait-il l'année dernière ?

V. — Paul a *six* dragées ; il en donne *une* à son frère, combien en mangera-t-il ?

VI. — La sœur d'Octave lui vole *une* image ; il en avait *cinq*, combien lui en reste-t-il ?

VII. — A une fenêtre de *quatre* carreaux le vent en casse *un*, combien y en a-t-il encore ?

VIII. — Victor devait *trois* sous à un de ses

camarades; il en paie *un*, combien doit-il après cela ?

ıx. — Dans une maison étaient *deux* frères; l'*un* est envoyé en pension, combien en reste-t-il à la maison ?

CHAPITRE III.

5. A *une* unité on ajoute *deux* unités, com-bien cela fait-il?

Il est bien certain que quand à *une* unité on en ajoute *deux*, c'est la même chose que si à *deux* unités on en en ajoutait *une*. Or, tout à l'heure on a vu que *deux* et *un* s'appellent *trois*.

Donc : *Un* et *deux*   font *trois*.
       Un et *trois*   — *quatre*.
       Un et *quatre*   — *cinq*.
       Un et *cinq*   — *six*.
       Un et *six*   — *sept*.
       Un et *sept*   — *huit*.
       Un et *huit*   — *neuf*.
       Un et *neuf*   — *dix*.

6. On a vu que *deux* et *un* s'appellent *trois*, et que *trois* et *un* s'appellent *quatre*.

Si donc à *deux* on ajoute *un* et encore *un*, ou si à *deux* on ajoute *deux*, cela fera *quatre*.

QUESTIONS.

x. — J'ai *deux* pommes ; on m'en donne encore *deux*, combien cela fait-il en tout ?

xi. — Louis avait *deux* sous dans sa bourse ; il en gagne *trois* par sa sagesse, combien possède-t-il ?

xii. — Paul avait *deux* billes ; il en gagne *quatre*, combien en a-t-il ?

xiii. — Un enfant est âgé de *deux* ans, quel âge aura-t-il dans *cinq* ans ?

xiv. — Il est *deux* heures de l'après midi, quelle heure sera-t-il dans *six* heures d'ici ?

xv. — Auguste vient de dépenser *deux* sous ; il en dépense encore *sept*, combien a-t-il dépensé en tout ?

xvi. — Un marchand a payé une marchandise *deux* francs ; il veut gagner dessus *huit* francs, combien faut-il qu'il la revende ?

XVII. — Combien font *trois* plus *trois?*
XVIII. —   *trois* plus *quatre?*
XIX. —   *trois* plus *cinq?*
XX. —   *trois* plus *six?*
XXI. —   *trois* plus *sept?*
XXII. —   *quatre* plus *quatre?*
XXIII. —   *quatre* plus *cinq?*
XXIV. —   *quatre* plus *six?*
XXV —   *cinq* plus *cinq?*

CHAPITRE IV.

D'UN NOMBRE ON RETRANCHE PLUSIEURS UNITÉS A LA FOIS.

7. XXVI.　 — De *dix* on ôte *un*, que reste-t-il ?

XXVII.　 — De *dix* — deux,　 —

XXVIII.　 — De *dix* — trois,　 —

XXIX.　 — De *dix* — quatre, —

XXX.　 — De *dix* — cinq,　 —

XXXI.　 — De *dix* — six,　 —

XXXII.　 — De *dix* — sept,　 —

XXXIII. — De *dix* — huit,　 —

XXXIV. — De *dix* — neuf,　 —

XXXV.　 — De *dix* — dix,　 —

XXXVI. — De *neuf* — un,　 —

XXXVII. — De *neuf* — deux,　 —

XXXVIII.— De *neuf* — trois,　 —

XXXIX. — De *neuf* — quatre. —

XL.　 — De *neuf* — cinq,　 —

XLI.　 — De *neuf* — six,　 —

XLII. — De *neuf* on ôte *sept*, que reste-t-il?
XLIII. — De *neuf* — *huit*, —

Nous ne prolongeons pas ces problèmes, les institu-teurs sauront bien les continuer en retranchant succes-sivement tous les nombres de *neuf*, de *huit*, de *sept*, de *six*, etc.

CHAPITRE V.

8. Précédemment nous avons dit : *un, deux, trois, quatre, cinq, six, sept, huit, neuf* et *dix*. Cela s'appelait *compter un par un ;* car à chaque nombre nous comptions toujours *un* de plus. Nous allons maintenant commencer par un autre nombre, et ajouter cet autre nombre avec soi-même.

A *deux* on ajoute *deux*. Combien cela fait-il ? On a déjà vu que cela fait *quatre ;*

De même *quatre* plus *deux* font *six*.

       six   plus *deux* font *huit*.

       huit   plus *deux* font *dix*.

On comptera donc par *deux* en disant : *deux, quatre, six, huit* et *dix*.

Quatre venant de *deux* plus *deux*, est donc la même chose que *deux* fois *deux ; six* étant composé de *quatre* plus *deux*, est la même chose que *deux* fois *deux* plus *deux*, ou bien *trois* fois *deux*.

Pareillement : *huit* vaut *quatre* fois *deux*.
—   *dix* vaut *cinq*   fois *deux*.

QUESTIONS.

XLIV. — Les oranges coûtant *deux* sous, quél est le prix de *deux* oranges ?

XLV. — Combien valent *trois* oranges, si chacune coûte *deux* sous ?

XLVI. — *Quatre* enfants ont chacun *deux* sous, combien ont-ils en totalité ?

XLVII. — Combien font *cinq* fois *deux* ?

XLVIII. — *Un* objet vaut *trois* francs, combien valent *deux* objets ?

XLIX. — *Trois* enfants doivent avoir chacun *trois* pommes, combien faut-il de pommes ?

L. — Combien font *deux* fois *quatré* ?

LI. — Combien font *deux* fois *cinq* ?

CHAPITRE VI.

PARTAGER UN NOMBRE EN PLUSIEURS PARTIES.

9. On a *dix* francs et on veut les partager entre *cinq* enfants de manière à ce que chacun ait la même somme. Comment s'y prendra-t-on?

On peut commencer par donner *un* franc à chaque enfant, et comme cela fait déjà *cinq* francs, il en reste encore *cinq ;* on pourra donc encore donner *un* franc à chacun, et de la sorte ils auront pour leur part chacun *deux* francs.

QUESTIONS.

LII. — On a *huit* pommes à partager entre *quatre* enfants : combien aura chacun?

LIII. — *Trois* enfants ont fait une dépense de *six* sous, combien chacun paiera-t-il pour sa part?

LIV. — On veut donner *quatre* sous à *deux* pauvres, quelle est la part de chacun?

10. Quand on veut ainsi faire des partages, il n'arrive pas toujours que cela puisse se faire xactement ; il reste quelquefois quelque chose. Par exemple : on veut diviser *trois* pommes entre *deux* enfants ; on donne *une* pomme à chacun, mais il en reste encore *une*. Comme on ne peut pas la donner à tous deux à la fois, on sera obligé de la laisser. On peut aussi la couper en deux morceaux de même grandeur, et chacun des morceaux sera donné à chacun des enfants ; quand on coupe ainsi un objet en deux morceaux de même grandeur, chaque morceau s'appelle la *moitié* ou bien une *demie*.

Ainsi, comme tout à l'heure, si l'on partage *trois* pommes entre *deux* enfants, chacun aura : *une pomme plus une demi-pomme*, ou bien : *une pomme et demie*, ou encore : *une pomme et la moitié d'une pomme*.

On veut partager une pomme entre *trois* enfants ; comment fera-t-on ? On coupera la pomme en *trois* morceaux bien égaux, et chaque enfant aura *un* des morceaux. Quand on coupe un objet en *trois* morceaux, chaque morceau s'appelle *un tiers.* Quand on sépare un objet

en *quatre*	—	*un quart.*
en *cinq*	—	*un cinquième.*
en *six*	—	*un sixième.*
en *sept*	—	*un septième.*
en *huit*	—	*un huitième.*
en *neuf*	—	*un neuvième.*
en *dix*	—	*un dixième.*

QUESTIONS.

LV. — Pierre a *six* ans, Paul a *quatre* ans : on leur donne un gâteau ; chacun doit avoir autant de parts qu'il a d'années. En combien de morceaux coupera-t-on le gâteau, et combien en aura chacun ?

LVI. — Si l'on partage *six* pommes entre *cinq* enfants, quelle sera la part de chacun ?

LVII. — *Trois* enfants reçoivent *huit* poires, combien chacun aura-t-il de poires entières ?

LVIII. — Combien restera-t-il de poires ?

LIX. — Comment partagera-t-on les poires qui resteront ?

LX. — Quelle sera enfin la part de chacun ?

LXI. — *Deux* enfants ont ensemble *neuf* ans ; tous les deux ont le même âge, combien chacun a-t-il d'années ?

LXII. — Quelle est la moitié de *un ?*

LXIII.   —   de *deux ?*

LXIV.   —   de *trois ?*

LXV.   —   de *quatre ?*

LXVI.   —   de *cinq ?*

LXVII.   —   de *six ?*

LXVIII.   —   de *sept ?*

LXIX.   —   de *huit ?*

LXX.   —   de *neuf ?*

LXXI.   —   de *dix ?*

LXXII. — Quel est le tiers de *un ?*

LXXIII.   —   de *deux ?*

LXXIV.   —   de *trois ?*

LXXV.   —   de *quatre ?*

LXXVI.   —   de *cinq ?*

LXXVII.   —   de *six ?*

LXXIII.   —   de *sept ?*

LXXIX.   —   de *huit ?*

LXXX.   —   de *neuf ?*

LXXXI.   —   de *dix ?*

LXXXII. — Quel est le quart de *un ?*

LXXXIII. — de *deux ?*

LXXXIV. — de *trois ?*

LXXXV. — de *quatre ?*

LXXXVI. — de *cinq ?*

LXXXVII. — de *six ?*

LXXXVIII. — de *sept ?*

LXXXIX. — de *huit ?*

XC. — de *neuf ?*

XCI. — de *dix ?*

XCII.—Quel est le cinquième de *un, deux,* etc.?

Nous laissons aux instituteurs à continuer eux-mêmes ces exercices, en faisant prendre aux enfants le *cinquième,* le *sixième,* le *septième,* le *huitième,* le *neuvième* et le *dixième* de tous les dix premiers nombres.

XCIII. — Combien faut-il de moitiés pour faire une unité.

XCIV. — Combien faut-il de moitiés pour faire trois unités ?

XCV. — Combien faut-il de moitiés pour faire cinq unités ?

XCVI. — Combien trois tiers valent-ils d'unités ?

XCVII. — Combien six tiers ?

xcviii. — Combien neuf tiers ?

xcix. — Pour un demi franc on achète un panier de raisins, combien aura-t-on de paniers pour quatre francs ?

c. — La huitième partie de la longueur d'un bâton est égale à trois décimètres ; on voudrait savoir quelle est la longueur du quart de ce bâton ?

ci. — Un décimètre est la dixième partie du mètre, combien alors y a-t-il de mètres dans la moitié du bâton, et combien reste-t-il de décimètres ?

cii. — Combien de mètres dans la totalité du bâton, et combien de décimètres en plus ?

ciii. — On partage un fruit en deux ; puis chaque morceau encore en deux, et enfin chaque nouveau morceau en deux ; combien aura-t-on de morceaux en tout, et quel sera le nom de ces morceaux ?

civ. — La moitié d'une poire devant être partagée entre trois enfants, quelle portion de la poire entière aura chacun ?

cv. — On veut partager dix francs entre

trois personnes; la première aura la moitié, la deuxième aura la moitié du reste, la troisième aura la moitié du nouveau reste. Dire la part de chacune et ce qui restera en dernier lieu?

cvi. — Comme un franc vaut dix décimes, on dira combien le premier aura de francs, combien le second aura de francs et de décimes, combien le troisième aura de francs et de décimes, et combien il restera enfin de francs et de décimes?

cvii. — Comme un décime vaut dix centimes, on dira combien le premier a de francs, le deuxième de francs et de décimes, le troisième de francs, de décimes et de centimes, et enfin combien il restera de francs, de décimes et de centimes?

cviii. — Quelle est la moitié d'une demie?

cix. — Quelle est la moitié d'un quart?

cx. — Combien une demie vaut-elle de huitièmes?

cxi. — Combien un quart vaut-il de huitièmes?

CXII. — Combien une demie vaut-elle de sixièmes?

CXIII. — Combien un tiers vaut-il de sixièmes?

CXIV. — Combien une demie et un tiers réunis font-ils en tout de sixièmes?

CXV. — Si on ôte d'une unité la moitié de cette unité et encore le tiers de la même unité, combien restera-t-il de sixièmes?

CXVI. — On veut partager entre deux enfants une boîte de dragées; le premier doit avoir le tiers de la boîte, le deuxième doit recevoir la moitié de la boîte. On demande quelle partie de la boîte il restera?

CXVII. — Trois enfants se partagent un panier de prunes; le premier reçoit la moitié de tout le panier, le deuxième reçoit le tiers de tout le panier, et il reste au dernier seulement une prune. Combien y avait-il de prunes en tout? Combien chacun en a-t-il eu?

CXVIII. — Un panier d'oranges devant être distribué à deux enfants, on donne au premier les quatre septièmes du panier; le second a trois oranges qui restent pour sa part, combien le premier en a-t-il eu?

cxix. — On prend le quart d'une somme d'argent, il reste encore neuf francs; combien y avait-il d'argent et combien en a-t-on ôté?

cxx. — Un marchand gagne, lundi quatre francs trois décimes, mardi deux francs cinq décimes, et mercredi trois francs deux décimes : combien a-t-il en tout de francs et de décimes?

cxxi. — Un mètre d'étoffe coûte trois décimes; combien coûteront quatre mètres d'étoffe?

Pour faire ces divers calculs, il ne faut point perdre de vue que l'enfant ne sait encore compter que jusqu'à *dix ;* il faudra donc le faire décomposer de la manière suivante :

Un mètre coûte trois décimes;

Deux mètres coûteront six décimes;

Trois mètres coûteront neuf décimes;

Il manque un décime pour en faire dix, c'est-à-dire pour faire un franc. En prenant ce décime sur les trois qui restent comme prix du dernier mètre, il restera encore deux décimes; donc quatre mètres coûtent un franc plus deux décimes.

DEUXIÈME PARTIE.

Des dizaines ou unités du deuxième ordre.

CHAPITRE VII.

CALCUL DES DIZAINES.

11. Jusqu'à présent, nous avons enseigné à compter et à calculer depuis une unité jusqu'à dix unités.

Un nombre qui vaut *dix* unités s'appelle *dizaine*. Par exemple : *dix* pommes sont une *dizaine* de pommes ; *dix* francs sont une *dizaine* de francs ; *dix* sous sont une *dizaine* de sous.

On peut compter par *dizaines* de la même façon qu'on a compté par *unités* ; on dit : une dizaine, deux dizaines, trois dizaines, quatre dizaines, cinq dizaines, six dizaines, sept dizaines, huit dizaines, neuf dizaines et dix dizaines.

Comme exemple, on peut se figurer la pièce de *dix* sous; c'est une *dizaine* de sous, et au lieu de compter avec des sous, on comptera avec des pièces de *dix* sous. Les sommes que l'on aura par cette méthode seront *dix* fois plus grandes que celles qu'on avait en comptant par sous.

On recommencera ici tous les problèmes de la première partie; mais, au lieu d'unités, on mettra des dizaines.

Question I (chap. II).—Pierre a *dix* dizaines de pommes; il en mange *une* dizaine, combien lui reste-t-il de *dizaines?*

Question XVII (chap. III). — Combien font trois dizaines plus trois dizaines?

Question XVIII.—Combien font trois dizaines, plus quatre dizaines?

Question XLIV (chap. V). — La dizaine d'oranges coûtant deux dizaines de sous, quel est le prix de deux dizaines d'oranges?

Question XLV. — Combien coûtent trois dizaines d'oranges, si chaque dizaine coûte deux dizaines de sous?

Le partage des dizaines se fera de même que le partage des unités. Si l'on partage une dizaine en deux, on aura une demi-dizaine ou la moitié d'une dizaine.

Si on la partage en trois, le tiers d'une dizaine;

Si on la partage en quatre, le quart;
— en cinq, le cinquième;
— en six, le sixième;
— en sept, le septième;
— en huit, le huitième;
— en neuf, le neuvième;
— en dix, le dixième.

Il faut encore ici reprendre toute la série des questions sur le partage des unités.

Question LXIII (chap. VI). — Quelle est la moitié d'une dizaine? — (Réponse : Une demi-dizaine).

Question LXIV. — Quelle est la moitié de deux dizaines? — (Une dizaine).

Question LXV. — Quelle est la moitié de trois dizaines? — (Une dizaine et demie).

QUESTIONS NOUVELLES.

CXXII. — Combien la moitié d'une dizaine vaut-elle d'unités?

CXXIII. — Combien la moitié de deux dizaines vaut-elle d'unités?

CXXIV. — Combien la moitié de trois dizaines vaut-elle de dizaines et d'unités?

CXXV. — Combien la moitié de quatre dizaines vaut-elle d'unités?

CXXVI. — Combien la moitié de cinq dizaines...

CXXVII. — Combien la moitié de six dizaines...

CXXVIII. — Combien la moitié de sept...

CXXIX. — Combien la moitié de huit...

CXXX. — Combien la moitié de neuf...

CXXXI. — Combien la moitié de dix...

Nous laissons également aux maîtres à faire calculer le tiers, le quart, le cinquième..., le dixième, de une, deux, trois..., dix dizaines.

Pour prendre le tiers d'une dizaine, par

exemple, l'enfant devra expliquer que : une dizaine vaut dix; que le tiers de dix ne peut être exact, mais qu'il donne trois unités formant le tiers de neuf, et qu'il reste encore une unité à partager en trois, ce qui fait un tiers d'unité. Donc le tiers d'une dizaine vaut trois unités, plus un tiers d'unité.

Le tiers de deux dizaines est deux fois plus que le tiers d'une dizaine; donc ce sera six unités, plus deux tiers d'unité.

L'intelligence des instituteurs saura parfaitement appliquer la même méthode aux autres calculs analogues à ceux qu'on a faits sur les nombres entiers.

CHAPITRE VIII.

12. Une dizaine s'appelle *dix*.
Deux dizaines s'appellent *vingt*.

Trois	—	*trente*.
Quatre	—	*quarante*.
Cinq	—	*cinquante*.
Six	—	*soixante*.
Sept	—	*soixante - dix* ou *septante*.
Huit	—	*quatre - vingt* ou *octante*.
Neuf	—	*quatre-vingt-dix* ou *nonante*.
Dix	—	*cent*.

QUESTIONS.

cxxxii. — Combien font *dix* pommes plus *dix* pommes?

CXXXIII. — Combien font *vingt* pommes plus *dix ?*

CXXXIV.—Combien font *trente* pommes plus *dix ?*

CXXXV. — Combien font *quarante* pommes plus *dix ?*

CXXXVI. —Combien font *cinquante* pommes plus *dix ?*

CXXXVII. — Combien font *soixante* pommes plus *dix ?*

CXXXVIII.—Combien font *soixante-dix* pommes plus *dix ?*

CXXXIX.—Combien font *quatre-vingts* pommes plus *dix ?*

CXL.—Combien font *quatre-vingt-dix* pommes plus *dix ?*

CHAPITRE IX.

D'UN NOMBRE ON RETRANCHE PLUSIEURS DIZAINES A LA FOIS.

13. CXLI.—De *cent* on ôte *dix*, que reste-t-il?
CXLII.   —   *vingt*   —
CXLIII.   —   *trente*   —
CXLIV.   —   *quarante* —
Etc.   Etc.

CHAPITRE X.

COMPTER PAR DEUX, PAR TROIS DIZAINES, ETC.

14. CXLV.—Les oranges coûtent *vingt* sous, combien *deux* oranges?

CXLVI.—Combien coûtent *trois* oranges, si chacune vaut *vingt* sous?

CXLVII. — Quatre enfants ont chacun *vingt* sous, combien ont-ils en totalité?

CXLVIII. — Combien font *cinq* fois *vingt?*

CXLIX. — Un objet vaut *trente* francs, combien valent *deux* objets?

CL. — *Trente* enfants doivent avoir chacun *trois* pommes, combien faut-il de pommes?

CLI. — Combien font *deux* fois *quarante?*

CLII. — Combien font *deux* fois *cinquante?*

CLIII. — Les oranges coûtent *deux* sous, combien valent *vingt* oranges?

CLIV. — Combien coûtent *trente* oranges, si chacune vaut *deux* sous ?

CLV. — *Quarante* enfants ont chacun *deux* sous, combien ont-ils en totalité ?

CLVI. — Combien font *deux* fois *cinquante ?*

CLVII. — Un objet vaut *trois* francs, combien valent *vingt* objets ?

CLVIII. — *Trois* enfants doivent avoir chacun *trente* pommes, combien faut-il de pommes ?

CLIX. — Combien font *quarante* fois *deux ?*

CLX. — Combien font *cinquante* fois *deux ?*

CHAPITRE XI.

DU PARTAGE DES DIZAINES.

15. On a *cent* sous; on veut les partager entre *cinq* enfants, de manière à ce que chacun ait autant l'un que l'autre, comment s'y prendra-t-on?

Cent sous sont la même chose que *dix dizaines* de sous. On donnera donc d'abord à chacun des *cinq* enfants une *dizaine*; or, comme il en reste *cinq*, chacun aura encore une *dizaine*, ce qui fait pour la part de chaque enfant *deux dizaines* de sous : ce qu'on appelle *vingt* sous. Ainsi chacun aura *vingt* sous.

QUESTIONS.

CLXI. — On a *quatre-vingts* pommes à partager entre *quatre* enfants, combien aura chacun?

4.

CLXII. — *Trois* enfants ont fait une dépense de *soixante* sous, combien chacun paiera-t-il pour sa part?

CLXIII. — On veut donner *quarante* sous à *deux* pauvres, quelle est la part de chacun?

CLXIV. — On partage *cent* francs èntre *deux* personnes, quelle est la part de chacune?

CLXV. — On partage *cent* francs entre *trois* personnes, quelle est la part de chacune?

On décomposera ainsi la question : *cent* vaut *dix dizaines; dix dizaines* partagées en *trois* donnent :

1° Pour chacun *trois dizaines* ou *trente;*

2° Il reste encore *une dizaine* ou *dix* francs : cela fait pour chacun encore *trois* francs ;

3° Il reste encore *un* franc : ce qui fera pour chacun un *tiers* de franc.

Ainsi chacun aura *trente* francs plus *trois* francs, plus un *tiers* de franc.

CLXVI. — On partage *cent* francs entre *quatre* personnes, combien revient-il à chacune?

Cent francs ou *dix dizaines* donnent :

1° A chacune *une dizaine;*

2° **A** chacune encore *une dizaine ;*

Et il en reste *deux dizaines.*

3° **Or** *deux dizaines* sont *vingt :* pour les partager entre *quatre* on les divisera d'abord en *deux,* ce qui fait *dix ;* et chaque moitié en *deux,* ce qui fait *cinq.*

Ainsi chacun aura *deux dizaines* plus *cinq,* c'est-à-dire *vingt* francs plus *cinq* francs.

CLXVII. — On veut distribuer cent oranges entre cinq enfants, quelle est la part de chacun?

Nous laissons au maître à faire les partages suivants du nombre cent entre six, sept, huit, neuf et dix personnes.

CHAPITRE XII.

EXERCICE DE RÉCAPITULATION.

16. CLXVIII. — Combien font deux fois deux?
    CLXIX.   —   deux fois trois?
    CLXX.   —   deux fois quatre?
    CLXXI.   —   deux fois cinq?
    CLXXII.   —   deux fois six?

L'instituteur ici ne perdra pas de vue que l'enfant ne connaît pas encore les mots douze, treize, etc..., vingt-et-un, vingt-et-deux... Il dira donc : deux fois six font six plus six. Or, si à six on ajoute : 1° quatre, on aura dix ; 2° il reste deux, donc deux fois six font dix et deux.

    CLXXIII. — Combien font deux fois sept?
        [Réponse : dix et quatre.]
    CLXXIV. — Combien font deux fois huit?
        [Réponse : dix et six.]
    CLXXV. — Combien font deux fois neuf?
        [Réponse : dix et huit.]

CLXXVI. — Combien font deux fois dix ?

CLXXVII. — Combien font trois fois deux ?

CLXXVIII.   —   trois ?

CLXXIX.   —   quatre ?

[Réponse : dix et deux.]

CLXXX. — Combien font trois fois cinq ?

[Réponse : dix et cinq.]

CLXXXI. — Combien font trois fois six ? [Dix et huit.]

CLXXXII. — Combien font trois fois sept ?

[L'élève dira : sept et sept font dix et quatre, quatre ajoutés aux autres sept font dix et un ; donc en tout : dix et dix et un. Mais comme dix et dix sont la même chose que vingt, il dira : trois fois sept font vingt et un.]

CLXXXIII. — Combien font trois fois huit ? [Vingt et quatre.]

CLXXXIV. — Combien font trois fois neuf ? [Vingt et sept.]

CLXXXV. — Combien font trois fois dix ?

L'instituteur peut maintenant faire répéter les dix nombres un, deux, trois..., dix, chacun quatre, cinq, six, sept, huit, neuf et dix fois.

CHAPITRE XIII.

MANIÈRE DE NOMMER LES NOMBRE COMPRIS ENTRE LES DIZAINES.

17. Quand on veut nommer un nombre qui contient plusieurs dizaines et plusieurs unités, on dit d'abord le nom des dizaines puis le nom des unités, sans rien mettre entre deux.

Par exemple : si on a deux dizaines de francs, plus sept francs; comme deux dizaines s'appellent *vingt*, on dira : *vingt-sept* francs, ce qui veut dire vingt francs plus sept francs.

EXERCICE.

Faites compter à l'enfant, soit avec les doigts, soit avec de petits objets : dix, dix-un, dix-deux, dix-trois, dix-quatre, dix-cinq, dix-six, dix-sept, dix-huit, dix-neuf, vingt, vingt-un...., soixante, soixante-un...., soixante-dix-un, soixante-dix-deux...., quatre-vingt-dix-un, quatre-vingt-dix deux, quatre-vingt-dix-trois, quatre-vingt-dix-quatre, etc., jusqu'à cent. Pour rendre l'élève plus habile, on lui fera faire ce compte :

1° en commençant depuis un jusqu'à cent ; 2° en redescendant depuis cent jusqu'à un ; 3° en commençant n'importe où dans la série pour monter ou descendre.

EXCEPTIONS.

18. Au lieu de : dix-un, on dit : *onze.*
— dix-deux — *douze.*
— dix-trois — *treize.*
— dix-quatre — *quatorze.*
— dix-cinq *quinze.*
— dix-six — *seize.*

Mais après cela on dit, suivant la règle : dix-sept, dix-huit, dix-neuf.

Au lieu de :

soixante-dix-un, on dit : *soixante-et-onze.*
soixante-dix-deux — *soixante-douze.*
soixante-dix-trois — *soixante-treize.*
etc.

Au lieu de :

quatre-vingt-dix-un, on dit : *quatre-vingt-onze*, etc.

On fera de nouveau compter l'enfant comme dans l'exercice précédent, mais en employant ces mots nouveaux, afin de l'exercer à les connaître bien.

QUESTIONS.

19. CLXXXVI. — Combien font deux fois onze?
—   douze?
—   treize ?
—   quatorze?

On ira ainsi jusqu'à deux fois cinquante.

CLXXXVII. — Combien font trois fois onze ?
—   douze ?
—   treize ?

On ira ainsi jusqu'à trois fois trente-trois.

CLXXXVIII. — Combien font quatre fois onze, douze, treize, etc., jusqu'à vingt-cinq ?

CLXXXIX. — Combien font cinq fois onze, douze, treize, etc., jusqu'à vingt ?

CXC. — Combien font six fois onze, douze, etc., jusqu'à seize ?

CXCI. — Combien font sept fois dix, onze, douze, treize, quatorze ?

CXCII. — Combien font huit fois onze, douze?

CXCIII. — Combien font neuf fois onze?

CXCIV. — Combien font dix fois dix?

Ce calcul, par lequel on répète plusieurs fois un nombre, s'appelle MULTIPLICATION.

CHAPITRE XIV.

20. Pour réunir des nombres qui contiennent des unités, on réunit les unités, puis les dizaines.

Exemple : Jules a trente-deux poires, Paul en a quarante-cinq; combien en ont-ils à eux deux?

Nous disons d'abord : cinq et deux font sept poires.

Puis : trente et quarante sont trois dizaines et quatre dizaines, ce qui fait sept dizaines ou soixante-dix.

Ils ont donc soixante-dix-sept poires.

21. Les unités réunies ensemble donnent quelquefois plus d'une dizaine; alors on a soin de les réunir avec les dizaines.

Exemple : Charles a vingt-huit billes; il en gagne trente-sept à Auguste, combien en aura-t-il en tout?

Huit et sept font quinze, c'est-à-dire une dizaine plus cinq unités.

Vingt et trente sont deux et trois dizaines qui en font cinq, et avec la dizaine fourni par l'addition des unités, six dizaines en tout, ou bien soixante.

Il y a donc soixante-cinq billes.

L'instituteur, pour exercer l'enfant, lui fera faire toutes les additions de deux nombres dont la somme est au-dessous de *cent*, et il continuera ce travail jusqu'à ce que l'élève l'exécute parfaitement et sans la moindre hésitation.

Il pourra encore, s'il le juge convenable, lui faire ajouter de mémoire trois ou même quatre nombres dont la somme est plus petite que *cent*.

22. Pour retrancher l'un de l'autre des nombres composés, on suit le même procédé. On ôte les unités des unités, les dizaines des dizaines.

Exemple : Jules reçoit un panier contenant soixante-huit prunes; il en mange vingt-cinq, combien lui en reste-t-il?

De huit prunes ôtez cinq, il reste trois prunes; de soixante ou six dizaines ôtez vingt ou deux dizaines, il reste quatre dizaines, c'est-à-dire quarante. Donc l'enfant a encore quarante-trois prunes.

23. Il arrive quelquefois que les unités que l'on veut ôter sont plus nombreuses que celles desquelles on doit les retrancher.

Par exemple : Paul possède soixante-trois sous; il en dépense trente-cinq, combien lui en reste-t-il?

Je dois ôter *cinq* de *trois*. Il est bien clair que cela est impossible. Alors je prends dans soixante qui vaut six dizaines une dizaine que je mets avec les unités pour faire treize. Si j'en ôte cinq, il reste huit sous. Puis, des cinq dizaines qui restent encore, j'ôte les trois dizaines de trente-cinq, et il me reste deux dizaines ou vingt sous.

Donc il a encore vingt-huit sous.

Nous engageons encore ici l'instituteur à faire exécuter à l'enfant de nombreuses soustractions et à lui demander une explication semblable à celle que nous avons donnée ci-dessus, jusqu'à ce que son élève puisse exécuter tous ces calculs à première vue.

CHAPITRE XV.

ON ENSEIGNE A PARTAGER LES NOMBRES COMPOSÉS.

24. — cxcv. Un panier de quarante-huit pommes est à partager entre douze enfants : quelle est la part de chacun?

On compare les dizaines aux dizaines ; ainsi on dit : il y a quatre dizaines à partager à une dizaine d'enfants : chacun donc aura quatre pommes. Pour s'assurer si on a trouvé juste, on dit : douze enfants à chacun quatre pommes font douze fois quatre pommes, ou bien quarante-huit pommes. Le compte est donc exact.

cxcvi. — Partager soixante-quatre francs entre quinze personnes.

Comparons les six dizaines de francs avec la dizaine de personnes : chacune aurait six francs; mais six francs répétés quinze fois font quatre-vingt-dix francs , donc ce serait trop de leur donner six francs.

N'en donnons que cinq ; nous aurions quinze fois cinq qui font soixante-quinze, nombre encore trop fort.

Donnons seulement quatre francs ; quinze fois quatre font soixante.

On leur donnera donc à chacune quatre francs. Or, il reste encore quatre francs à partager. On donnera d'abord à chacune des quatre personnes : 1° la quinzième partie du premier franc ; 2° la quinzième partie du deuxième franc ; 3° la quinzième partie du troisième ; et enfin, 4° la quinzième partie du dernier.

Chacune aura donc quatre francs, plus quatre quinzièmes de franc.

Comme exercice, on fera partager successivement ainsi tous les cent nombres, un, deux, trois, etc., cent, entre une, deux, trois, etc., cent personnes.

On dira à l'enfant que, de même qu'il appelle cinquième, sixième, septième, le résultat d'un objet partagé en cinq, six, sept parties, il appellera centième le résultat d'un objet partagé en cent, quatre-vingtième en quatre-vingt, cinquantième en cinquante, et que, en général il faut ajouter *ième* au nombre de parties dans lequel on partage l'objet.

Ce calcul, qui sert à *diviser* un nombre en plusieurs parties, s'appelle DIVISION.

25. CXCVII. — Dix mètres de marchandises ont coûté cent francs, combien coûte un seul mètre ?

CXCVIII. — Les oranges coûtent trente-six sous la douzaine, combien coûte chaque orange ?

CXCIX. — Vingt-cinq poires ont coûté cinquante centimes, combien coûte chaque poire ?

CC. — Un sou vaut autant que cinq centimes, combien faut-il de sous pour faire trente centimes ?

CCI. — Combien cent centimes valent-ils de sous ?

CCII. — Un franc vaut vingt sous, combien y a-t-il de centimes dans un franc ?

CCIII. — Douze kilogrammes de sucre ont coûté vingt-quatre francs, dites : 1° combien coûte un kilogramme de sucre ; 2º combien coutent quinze kilogrammes de sucre ?

CCIV. — Pour faire un ouvrage il faut que cinq ouvriers travaillent pendant huit jours ; dites : 1º combien un seul de ces ouvriers mettrait de temps pour faire l'ouvrage tout seul ; 2º combien de jours il faudrait à dix ouvriers pour faire le même travail ?

Les questions pouvant être variées à l'infini, nous laissons le soin de le faire aux instituteurs.

TROISIÈME PARTIE.

Des centaines ou unités du troisième ordre.

CHAPITRE XVI.

CALCUL DES CENTAINES.

26. On a appris à compter par unités et par dizaines : un, deux, trois..., dix.

Une dizaine, deux dizaines..., dix dizaines.

Ou bien : dix, vingt, trente..., cent.

De la même façon, avec le nombre *cent*, on a formé une troisième espèce d'unité, que l'on appelle centaine, et l'on compte par centaines comme par dizaines, comme par unités :

Un cent, deux cents, trois cents..., neuf cents, dix cents.

Les neuf premières centaines n'ont pas d'autres nom que ceux que nous venons d'écrire. La dernière s'appelle *mille*.

Dix cents se nomment mille.

Ici on répétera sur les centaines les mêmes problèmes que sur les unités.

Question 1re (chap. II). — Pierre a *mille* pommes ; il en mange *cent*, combien en reste-t-il ?

Question II (chap. II). — Jules à *neuf cents* billes ; il en perd *cent*, combien lui en reste-t-il ?

Question III. — Adolphe a *huit cents* sous ; il en dépense *cent*, combien en a-t-il encore ?

Question IV. — Alfred a *sept cents* noisettes ; il en donne *cent*, combien lui en reste-t-il ? etc.

L'on fera aussi exécuter les questions du chapitre III en mettant des centaines au lieu d'unités simples.

Les questions du chapitre IV se modifieront ainsi :

De *mille* on ôte *cent*, que reste-t-il ?
De mille — deux cents —
Etc.

Dans le chapitre V on fera le même changement.

XLIV. — Les oranges coûtent *deux* sous, quel est le prix de *deux cents ?*

XLV. Combien valent *trois cents* oranges si chacune vaut *deux* sous?

XLVI. — *Quatre* enfants ont chacun *deux cents* sous, combien cela fait-il en tout? etc., etc.

Nous laissons à l'intelligence des maîtres à faire répéter sur les *cents* tous les calculs d'addition, de soustraction, de multiplication et de division déjà exécutés, et sur les dizaines et sur les unités.

CHAPITRE XVII.

27. De même que l'on a composé des nombres avec les dizaines et les unités, on en peut composer avec les centaines, les dizaines et les unités. Pour cela, on nomme en premier lieu les centaines, puis les dizaines, et enfin les unités simples.

Par exemple : un marchand reçoit aujourd'hui trois cents francs, demain il reçoit quarante-cinq francs ; pour exprimer le nombre total de francs reçus par lui, on dira : trois cent quarante-cinq francs.

On a déjà appris à compter depuis un jusqu'à cent ; quand on est arrivé à cent, on continue à ajouter des unités les unes après les autres ; pour cela on prononce d'abord *cent*, puis les noms des unités, un, deux, trois, etc., cent, cent un,

cent deux, cent trois..., cent dix, cent onze...,
cent quatre-vingt-dix-neuf, deux cents.

On continue de la même façon après deux
cents jusqu'à trois cents, puis jusqu'à quatre
cents, et ainsi de suite jusqu'à dix cents ou mille.

Comme exercice, l'instituteur fera compter les enfants depuis *un* jusqu'à *mille* : 1° en montant ; 2° en
descendant ; et en ayant soin de les faire commencer
n'importe où dans la série.

Pour rendre l'exercice plus facile à comprendre, il
accompagnera le nombre du nom d'un objet. Par
exemple : une poire, deux poires, etc. Quand l'élève y
sera parfaitement rompu, on le fera compter par deux,
en montant ou descendant : deux, quatre, six, huit, etc. ;
puis par trois, par quatre, etc. ; par dix, par vingt, par
trente, par quarante, etc. ; par cent.

Ces différents exercices doivent être répétés jusqu'à
ce qu'ils soient exécutés sans la moindre hésitation.

28. On doit faire ensuite multiplier toutes
sortes de nombres par des unités.

1° Répéter *deux* fois tous les nombres de *un*
jusqu'à *cinq cents ;*

2° *Trois* fois, de *un* jusqu'à *trois cents*, etc.

On aura soin de prendre des nombres tels que
le résultat ne dépasse jamais *mille*.

QUESTIONS.

ccv. — Un cheval a coûté quatre cent vingt-huit francs, quel est le prix de deux chevaux?

L'élève doublera les unités, puis les dizaines, puis les centaines.

Enfin il réunira toutes les unités de même espèce ensemble.

Les *huit* francs étant doublés font déjà *seize* francs, ou *une dizaine* plus *six*.

Les *vingt* francs doublés donnent *quatre dizaines*.

Les *quatre cents* francs donnent *huit centaines*.

Nous avons donc en tout huit centaines, plus cinq dizaines, plus six unités ; c'est-à-dire *huit cent cinquante-six* francs.

ccvi. — Neuf ouvriers ont mis soixante-quinze heures à faire un travail, combien un seul ouvrier mettrait-il de temps à faire le même ouvrage ?

Il est certain que moins il y a d'ouvriers plus il faut de temps ; donc *un* seul ouvrier devra travailler *neuf* fois plus d'heures.

Il faut donc répéter *neuf* fois *soixante-quinze* heures. Soixante-quinze est composé de sept dizaines plus cinq unités.

Les cinq unités répétées neuf fois donnent quarante-cinq ou *quatre* dizaines plus *cinq* unités.

Les sept dizaines répétées neuf fois donnent soixante-trois dizaines ou *six* centaines plus *trois* dizaines.

Nous avons donc en tout *six centaines* plus *sept dizaines*, plus *cinq unités*, c'est-à-dire six cent soixante-quinze heures.

29. Nous allons expliquer maintenant comment on multiplie par des dizaines.

CCVII. — Une personne reçoit vingt-cinq francs; combien recevront dix personnes?

Il est clair que dix personnes recevront dix fois vingt-cinq francs. Or, si on répète dix fois cette somme on n'aura plus des francs mais des dizaines de francs. La somme totale est donc vingt-cinq dizaines de francs. Or, vingt-cinq dizaines est composé de cinq dizaines qui font cinquante, et de vingt dizaines ou deux cents.

On a donc en tout deux cent cinquante francs.

On voit par là que quand on multiplie par dix, le nombre n'a pas changé de nom, seulement il exprime des dizaines au lieu d'exprimer des unités.

ccviii. — Combien font dix fois un?

— deux?

— trois?

Continuer ainsi jusqu'à cent.

30. Pour multiplier par plusieurs dizaines on s'y prend de la même façon.

ccix. — La vingtième partie d'une tour a dix-sept mètres ; combien en a la tour tout entière ?

Il est bien certain qu'elle a vingt fois dix-sept mètres; or, vingt fois c'est la même chose que deux dizaines de fois dix-sept.

Nous prendrons donc une dizaine de fois dix-sept, ce qui fait dix-sept dizaines ; puis nous doublerons pour avoir deux dizaines. Cela fait deux fois dix-sept ou trente-quatre dizaines, c'est-à-dire trois cent quarante mètres.

Ainsi, pour multiplier par plusieurs dizaines,

on répète le nombre autant de fois qu'on a de dizaines, et le résultat de l'opération exprime des dizaines.

ccx. — Répéter vingt fois un.

— deux.

— trois.

Répéter ainsi jusqu'à cinquante.

ccxi. — Répéter trente fois un.

— deux.

Répéter ainsi jusqu'à trente-trois.

ccxii. — Répéter quarante fois un.

— deux.

— trois.

Répéter ainsi jusqu'à vingt-cinq.

ccxiii. — Répéter cinquante fois un.

— deux.

— trois.

Répéter ainsi jusqu'à cinquante fois vingt.

ccxiv. — Répéter soixante fois un.

— deux.

— trois.

Répéter ainsi jusqu'à soixante fois seize.

ccxv. — Répéter soixante-dix fois un.

       —   deux.

Répéter ainsi jusqu'à soixante-dix fois quatorze.

ccxvi. — Répéter quatre-vingts fois un.

       —   deux.

Répéter ainsi jusqu'à quatre-vingt fois douze.

ccxvii. — Répéter quatre-vingt-dix fois un.

       —   deux.

Répéter ainsi jusqu'à quatre-vingt dix fois onze.

31. La méthode est la même lorsqu'on veut multiplier par une ou plusieurs centaines. On répète le nombre autant de fois qu'on a de centaines, et le résultat final exprime des centaines.

ccxviii. — Un livre coûte quatre francs; combien coûteront deux cents livres?

Il faut répéter deux cents fois quatre. Si on le prend cent fois on aura : quatre centaines, et en les doublant : huit cents francs.

ccxix. — Répéter cent fois un.

       —   deux.

       —   trois.

       —   quatre.

Répéter ainsi jusqu'à cent fois dix.

ccxx. — Répéter deux cents fois un.

        —   deux.

        —   trois.

        —   quatre.

        —   cinq.

ccxxi. — Répéter trois cents fois un.

        —   deux.

        —   trois.

ccxxii. — Répéter quatre cents fois un.

        —   deux.

ccxxiii. — Répéter cinq cents fois un.

        —   deux.

32. Maintenant si l'on veut partager des centaines on fera comme pour les dizaines, comme pour les unités. On partagera d'abord les centaines, puis les dizaines, puis les unités.

ccxxiv. — Partager cinq cent quarante-deux francs entre trois personnes :

Les cinq cents francs donnent d'abord pour chacun cent francs.

Il reste là-dessus deux cents qui valent vingt dizaines, plus quatre dizaines de quarante, en tout vingt-quatre dizaines. Si on les partage encore en trois, on aura pour chacun : huit dizaines, ou quatre-vingts francs.

Il reste enfin deux francs qu'on ne peut partager juste que si l'on donne à chacun les deux tiers de un franc.

Donc chaque personne aura : cent quatre-vingts francs, plus deux tiers de franc.

L'instituteur ici aura soin d'exercer l'enfant à prendre la moitié, le tiers, le quart..., le dixième, le onzième..., le vingtième..., le millième de tous les nombres plus petits que mille.

Pour prendre le dixième d'un nombre de centaines on remarque que la dixième partie d'une centaine est dix; donc la dixième partie de deux centaines est vingt, etc.

CCXXV. — Prendre la dixième partie de dix.

— vingt.

— trente.

Prendre ainsi le dixième jusqu'à cent.

CCXXVI. — Prendre le dixième de cent.

— deux cents.

— trois cents.

Prendre ainsi le dixième jusqu'à mille.

33. CCXXVII. — On a un gâteau; un enfant en doit prendre les cinq septièmes; comment s'y prendra-t-il?

Il est clair qu'il faut d'abord avoir des septièmes du gâteau; il commencera donc par le diviser en sept parts, puis il en prendra cinq pour lui et il en laissera deux.

CCXXVIII. — Une personne doit prendre les trois quarts de cinq cent vingt-huit francs; on demande quelle somme lui appartient?

Comme dans l'exemple précédent, nous allons d'abord partager en quatre les cinq cent vingt-huit francs.

Cinq cents partagés en quatre donnent cent; il reste cent ou dix dizaines, jointes aux deux dizaines de vingt-huit, cela nous donne douze dizaines, dont le quart est trois dizaines ou trente.

Enfin, le quart des huit unités est deux.

Donc le quart de la somme vaut cent trente-deux francs.

La personne devant avoir trois quarts on répétera cette somme trois fois.

Trois fois deux francs font six francs.

Trois fois trente font neuf dizaines ou quatre-vingt-dix, et trois fois cent font trois cents.

Donc elle aura trois cent quatre - vingt-seize francs.

CCXXIX. $\left\{\begin{array}{l}\text{Prendre la moitié}\\ \text{les deux tiers}\\ \text{les trois quarts}\\ \text{les quatre cinquièmes}\end{array}\right\}$ de $\left\{\begin{array}{l}\text{un,}\\ \text{deux,}\\ \ldots\ldots\\ \text{mille.}\end{array}\right.$

Les instituteurs sauront bien proposer à leurs élèves d'autres problèmes analogues.

CHAPITRE XVIII.

RÉCAPITULATION DE TOUT CE QUI PRÉCÈDE.

34. Nous avons enseigné jusqu'ici, en premier lieu, à compter depuis un jusqu'à dix; et ces nombres ont été appelés UNITÉS DU PREMIER ORDRE.

En second lieu on a appris à compter depuis dix jusqu'à cent, et les nombres dix, vingt, trente…, cent, sont appelés UNITÉS DU DEUXIÈME ORDRE.

En troisième lieu, enfin, on a appris à compter depuis cent jusqu'à mille, et les nombres cent, deux cents, trois cents…, mille, se nomment UNITÉS DU TROISIÈME ORDRE.

Les dizaines ou unités du deuxième ordre valent dix fois autant que les unités.

Les centaines valent dix fois les dizaines.

Dix	vaut dix fois un.		Un est la dixième partie de di[x]		
Vingt	—	deux.	Deux	—	ving[t]
Trente	—	trois.	Trois	—	trent[e]
Quarante	—	quatre.	Quatre	—	quarant[e]
Cinquante	—	cinq.	Cinq	—	cinquant[e]
Soixante	—	six.	Six	—	soixant[e]
Soixante-dix	—	sept.	Sept	—	soixante-di[x]
Quatre-vingt	—	huit.	Huit	—	quatre-ving[t]
Quatre-vingt-dix	—	neuf.	Neuf	—	quatre-vingt-di[x]
Cent	—	dix.	Dix	—	cen[t]

Ces trois ordres, à cause de cette raison, son[t] appelés des ordres *décimaux*. Ce mot est tir[é] d'un mot latin, *decem*, qui signifie dix.

Un ordre décimal exprime des unités dix fo[is] plus fortes que celui qui est au-dessous de lui, et dix fois plus faibles que celui qui est au-dessus de lui.

Ces trois ordres décimaux ne sont pas les seul[s] qui existent dans le calcul. On les réunit ensemble et on en fait *un groupe*, c'est-à-dire une famille.

Ce groupe étant le premier que l'on voit, on l'appelle le PREMIER GROUPE TERNAIRE, ou le groupe des unités simples. Le mot *ternaire* vient du latin et signifie *trois par trois*. Il est ainsi nommé parce que dans les nombres les ordres décimaux unités, dizaines, centaines, marchent trois par trois. De même des soldats qui marchent sont rangés par files; la 1re contient un certain nombre d'hommes, la 2e autant, et ainsi de suite.

L'enfant peut donc se figurer que les nombres sont une première file de trois soldats qui passent en revue sous ses yeux.

Le 1er soldat à droite s'appelle unité.
Le 2e — — dizaine.
Le 3e — — centaine,

Tous les trois sont des unités simples.

Nous allons tout à l'heure voir passer les autres files.

CHAPITRE XIX.

DEUXIÈME GROUPE TERNAIRE.

35. De même que l'on a compté par unités depuis un jusqu'à mille, on fait de mille un nombre nouveau qui sert à compter depuis un mille, deux mille, jusqu'à mille mille.

La deuxième file, ou *deuxième groupe ternaire*, s'appelle groupe des mille.

Le 1er est l'unité de mille.

Le 2e est la dizaine de mille.

Le 3e est la centaine de mille.

Ils sont toujours de dix en dix fois plus forts les uns que les autres ; mais chacun est mille fois plus fort que les ordres du 1er groupe.

Une unité de mille vaut mille unités.

Une dizaine de mille vaut mille dizaines.

Une centaine de mille vaut mille centaines.

ccxxx. — Combien l'unité de mille vaut-elle d'unités du 1er ordre ?

CCXXXI. — Combien l'unité de mille vaut-elle de dizaines d'unités ?

CCXXXII. — Combien l'unité de mille vaut-elle de centaines d'unités ?

CCXXXIII. — Combien la dizaine de mille vaut-elle d'unités ?

CCXXXIV. — Combien la dizaine de mille vaut-elle de dizaines ?

CCXXXV. — Combien la dizaine de mille vaut-elle de centaines ?

L'instituteur aura soin de faire avec des mille tous les problèmes faits déjà avec des unités et les dizaines, soit addition, soustraction, multiplication et division.

36. Les mille se nomment comme les unités ; on place les centaines d'abord, puis les dizaines, puis les unités de mille. Si l'on a ensuite des unités simples on les nomme après.

Exemple : mille un, mille deux, mille trois..., mille cent.

Mille cent un, mille cent deux....

Mille deux cents, etc.

EXCEPTIONS.

Au lieu de mille cent on dit onze cents.

Au lieu de mille deux cents on dit douze cents.

Au lieu de mille neuf cents on dit dix-neuf cents.

Quand on nomme les années on dit bien onze cent, douze cent..., seize cent.

Par exemple : l'Amérique fut découverte par Christophe Colomb en l'an quatorze cent quatre-vingt-douze.

Mais après seize cent on doit dire mil sept cent, mil huit cent, mil neuf cent.

Exemple : Le roi Louis XIV est mort en l'année mil sept cent quinze.

Le roi Louis-Philippe monta sur le trône en l'année mil huit cent trente.

Les années ont commencé à compter depuis la mort de N.-S. Jésus-Christ, qui établit la religion chrétienne. Ainsi, quand on dit que nous sommes en l'année mil huit cent cinquante-trois, cela signifie que depuis N.-S. Jésus-Christ il s'est écoulé dix-huit cent cinquante-deux années complètes, et que la dix-huit cent cinquante-troisième est en train de passer.

Le commencement de nos années s'appelle *ère chrétienne*. Chez d'autres peuples on a pris un autre commencement pour les dates, ce qui fait une autre ère. Par exemple, les Romains commençaient leurs années à l'époque de la fondation de Rome, qui eut lieu sept cent cinquante-trois ans avant la venue du Christ sur la terre.

CCXXXVI. — L'année contient douze mois ; combien y a-t-il de mois dans trois cents années ?

CCXXXVII. — La semaine contient sept jours, et l'année renferme cinquante-deux semaines plus un jour ; dites combien il y a de jours dans l'année commune ?

Tous les quatre ans il y a une année qui renferme un jour de plus. Cette année s'appelle *bissextile*.

CCXXXVIII. — Combien y a-t-il de jours dans l'année bissextile ?

CHAPITRE XX.

DES GROUPES TERNAIRES EN GÉNÉRAL.

37. De même que la réunion de dix fois cent ou mille forme une nouvelle unité commençant le deuxième groupe ternaire, de même la réunion de dix cent mille ou mille mille forme un troisième groupe ternaire qui s'appelle MILLION.

Mille mille se nomme million.

Dans ce 3e groupe on a encore des unités, des dizaines et des centaines.

Le 4e groupe vaut mille millions, et il s'appelle BILLION.

Le 5e groupe vaut mille billions, et se nomme TRILLION, etc.

1er groupe.	Unités. Dizaines. Centaines.	Unités simples.
2e groupe.	Unités. Dizaines. Centaines.	Mille.

$$3^e \text{ groupe.} \begin{cases} \text{Unités.} \\ \text{Dizaines.} \\ \text{Centaines.} \end{cases} \text{Millions.}$$

$$4^e \text{ groupe.} \begin{cases} \text{Unités.} \\ \text{Dizaines.} \\ \text{Centaines.} \end{cases} \text{Billions.}$$

$$5^e \text{ groupe.} \begin{cases} \text{Unités.} \\ \text{Dizaines.} \\ \text{Centaines.} \end{cases} \text{Trillions.}$$

Etc., etc.

Voici les noms :

Unité, mille, million, billion, trillion, quatrillion, quintillion, sextillion, septillion, octillion, etc., jusqu'à l'infini.

38. Pour résumer, on voit que l'on a :

1° Les ordres décimaux, qui s'appellent : unités, dizaines, centaines, etc., etc.

Chaque *ordre décimal* est dix fois plus fort que celui qui le précède immédiatement, et dix fois plus petit que celui qui le suit.

2° Les ordres décimaux sont groupés trois par trois. Chaque groupe ternaire a un nom différent, mais les trois ordres décimaux qui le forment ont les mêmes noms dans tous les groupes. Ce sont : *unités, dizaines, centaines.*

Un groupe ternaire est toujours mille fois plus fort que le groupe immédiatement avant lui, et mille fois plus petit que celui qui vient immédiatement après.

Les instituteurs feront ici répéter avec des mille, ou des millions, ou des billions, etc., tous les calculs élémentaires faits précédemment.

CHAPITRE XXI.

DES PROGRESSIONS ARITHMÉTIQUES.

39. Lorsque l'on commence à compter par un certain nombre et qu'on l'augmente toujours de la même quantité, on a une suite de nombres à laquelle on a donné le nom de *progression arithmétique*. Quand je dis : deux, quatre, six, huit, dix, douze, etc., je forme une progression. Dans celle-ci, on augmente les termes toujours de deux unités : ces deux unités se nomment la *raison* de la progression. Si je comptais deux, cinq, huit, onze, quatorze..., la raison serait trois.

CCXXXIX. —Un voyageur qui se met en route fait le premier jour trois milles, le second cinq, le suivant sept, puis neuf, et toujours ainsi en augmentant par jour de deux milles (*).

(*) Le MILLE est une mesure usitée en Agleterre et dans quelques autres pays; elle vaut à peu près le tiers de la lieue française.

Combien fera-t-il de chemin le dixième jour?

Puisque après le premier jour il augmente toujours de deux mille par jour, et qu'il reste neuf jours après le premier, il a donc augmenté sa marche de neuf fois deux; or le premier jour il fit trois mille, donc le dernier il fera trois mille, plus neuf fois deux, ce qui équivaut à vingt-et-un mille.

On voit par cet exemple qu'il a fallu au premier terme ajouter autant de fois la raison qu'il y a de termes après le premier jusqu'au dernier.

Si, par exemple, j'avais la progression cinq, neuf, treize, dix-sept..., et que je voulusse en trouver le vingt-et-unième terme, je dirais : la raison ici est quatre, et comme, après le premier terme, il y en a vingt, j'ajouterai au premier, cinq, vingt fois la raison quatre. Donc le vingt-et-unième terme vaut cinq plus vingt fois quatre ou quatre-vingt-cinq.

Si la progression allait en descendant, au lieu d'ajouter on ôterait. Par exemple, soit la progression : cent, quatre-vingt-dix-huit, quatre-vingt-seize, etc. On veut le dixième terme; il faudra de cent ôter neuf fois la raison, qui est deux. Or neuf fois deux font dix-huit; de cent ôtez dix-huit reste quatre-vingt-deux.

40. Au lieu de commencer la progression par un bout, on peut la commencer par l'autre. Alors de croissante elle devient décroissante. Exemple :

un,   deux...,   quatre-vingt-dix-neuf, cent.

Retournez-la, vous avez :

cent, quatre-vingt-dix-neuf...,   deux,   un.

Il est facile de voir que les deux premiers, un et cent, font cent un ; les deux seconds, deux et quatre-vingt-dix-neuf, font cent un. Les deux troisièmes, les deux quatrièmes, etc., font toujours cent un.

Comment cela peut-il se faire? Il est bien facile de le voir ; car tous les nombres de la première progression croissent de un, tous ceux de la deuxième décroissent de un. Ce que l'une gagne, l'autre le perd ; donc il n'est pas possible que leur somme change.

41. Par conséquent, si l'on ajoute les deux

progressions, on verra que l'on trouve toujours cent-un, et cela autant de fois qu'il y a de termes ; ici c'est cent fois cent un. Cela fait cent-une centaines ou bien dix mille cent unités. Mais ce nombre contient deux fois la progression ; il faut donc en prendre la moitié, qui est cinq mille cinquante.

Par là, on voit que pour additionner une progression, il faut : 1° additionner le premier avec le dernier terme ; 2° multiplier cette somme par le nombre de termes ; 3° prendre la moitié du résultat.

CCXL. — On place cent œufs sur une même ligne droite ; ces œufs sont séparés par un intervalle de un mètre. Un panier est placé à un mètre en avant du premier œuf, et un homme, placé près du panier, va chercher le premier œuf et le rapporte au panier ; il va ensuite chercher l'un après l'autre tous les œufs et les rapporte au panier. On demande combien il aura fait de chemin en tout ?

1° L'homme fait d'abord un mètre du panier au premier œuf et un mètre pour revenir au panier, cela fait deux ; 2° du panier au deuxième œuf et revenir, quatre ; 3° au troisième œuf et retourner, six.....;- 100° du panier au centième œuf et revenir, deux cents.

Voilà donc une progression qui commence par deux, qui a pour raison deux, qui a cent termes, et qui finit par deux cents. Pour ajouter tout cela, nous allons : 1° ajouter le premier au dernier, ce qui fait deux cent deux; 2° multiplier par cent (nombres de termes), ce qui fait vingt mille deux cents ; 3° prendre la moitié, ce qui donne dix mille cent mètres.

Cet homme fera donc un chemin de dix mille cent mètres.

Pour faire une lieue, il faut quatre mille mètres; cela fera donc en tout deux lieues et demie plus cent mètres.

Le pas moyen d'un homme qui marche bien est de six mille mètres par heure, ou bien une lieue et demie. Il faudra donc une heure pour faire la première lieue et demie; et comme il reste encore une lieue, il lui faudra quarante minutes ; pour faire les cent autres mètres, une minute. Donc en tout, pour faire ce chemin, l'homme emploiera une heure quarante-et-une minutes.

On remarquera encore qu'il perd du temps à se baisser pour prendre l'œuf, à se retourner, à se baisser pour le mettre au panier ; comptons une minute pour tout cela : il le fait cent fois, c'est donc cent minutes ou bien une heure quarante minutes. Donc en tout deux heures quatre-vingt-une minutes. On sait que soixante minutes font une heure. Ainsi, pour ramasser ses cent œufs, l'homme mettra trois heures vingt-et-une minutes.

CHAPITRE XXII.

DES PROGRESSIONS GÉOMÉTRIQUES.

42. Quand on multiplie un nombre par lui-même, le résultat par le même nombre, et ainsi de suite, les différents nombres que l'on trouve s'appellent les PUISSANCES du premier nombre.

Ainsi : deux, quatre, huit, seize, trente-deux, etc.

Le nombre seul est dit la première puissance : sept.

Le nombre multiplié par lui-même est dit la deuxième puissance : sept multiplié par sept ou quarante-neuf.

La deuxième puissance multipliée par le nombre est dite la troisième puissance : quarante-neuf multiplié par sept ou trois cent quarante-trois.

Le troisième, multipliée par le nombre, est

la quatrième : trois cent quarante-trois multiplié par sept ou deux mille quatre cent un, etc.

CCXLI. — Quelle est la deuxième puissance de un, deux, trois, quatre, cinq, six, sept, huit, neuf, dix, onze, douze..., vingt?

CCXLII. — Quelle est la troisième, la quatrième, la cinquième, la sixième, la septième... puissance de un, deux..., vingt?

43. La deuxième puissance s'appelle aussi le CARRÉ.

La troisième puissance s'appelle aussi le CUBE.

Le carré de *cinq* est cinq multiplié par cinq, ou vingt-cinq.

Le cube de cinq est vingt-cinq multiplié par cinq, ou cent vingt-cinq.

44. Lorsqu'on part d'un nombre et que l'on multiplie toujours par un autre nombre, on a ce qu'on nomme progression géométrique.

- Exemple : trois, six, douze, vingt-quatre, quarante-huit, etc. Ici, je pars de trois, et je multiplie toujours par deux ; ce nombre *deux* se nomme également la RAISON.

CCXLIII. — Une femme va chez un marchand

pour acheter un poulet. La basse-cour en contient douze ; le marchand lui dit que chaque poulet vaut six francs, si elle en prend un sans choisir. Mais, si elle veut choisir, le prix est ainsi calculé : le premier poulet coûte un centime, le deuxième deux centimes, le troisième quatre centimes, le quatrième huit centimes, et toujours ainsi de suite jusqu'au dernier. Alors elle paiera celui qu'elle aura choisi le prix du douzième poulet ainsi calculé.

On demande quel est le prix le plus avantageux pour la femme, et si elle doit ou non choisir?

Pour savoir la réponse, il faut d'abord calculer le prix du douzième poulet.

Le 1er est................ un centime.
Le 2e .... deux centimes.
Le 3e .... quatre —
Le 4e .... huit —
Le 5e .... seize —
Etc.

A partir du deuxième poulet, nous avons deux, puis la deuxième puissance, la troisième, la quatrième... de deux. Ainsi, le prix du douzième poulet est la onzième puissance de deux centimes.

Si on la calcule, on trouve quatre mille quatre-vingt-seize centimes.

Or il faut cent centimes pour faire un franc; cela fait donc quarante francs quatre-vingt-seize centimes.

On voit par là lequel vaut le mieux pour la femme.

QUATRIÈME PARTIE.

Système métrique.

CHAPITRE XXIII.

NOTIONS GÉNÉRALES.

45. On appelle SYSTÈME MÉTRIQUE la réunion des différentes mesures usitées aujourd'hui en France et prescrites par la loi, mesures qui, toutes, dépendent d'une autre appelée MÈTRE.

Il reste encore quelques autres mesures employées dans les provinces, mais dont nous ne parlerons pas, parce qu'elles ne sont pas reconnues par l'autorité.

Il y a soixante ans environ les mesures dont on se servait étaient différentes suivant les différentes parties de notre pays ; mais malheureusement elles avaient souvent le même nom. Par exemple, l'*aune* de Paris n'avait pas la même longueur que l'*aune* de Lyon. Il en pouvait résulter des erreurs et des confusions. Aussi, à la révolution de mil sept cent quatre-vingt-neuf, on abolit toutes les anciennes mesures et on ordonna que de nouvelles mesures seraient adoptées par toute la France. Ces nouvelles mesures sont ce que l'on nomme le SYSTÈME MÉTRIQUE.

Pour éviter que ces nouvelles mesures pussent jamais se perdre, on décida qu'elles seraient toutes tirées d'une seule appelée MÈTRE. Ce mètre à son tour fut tiré de la mesure de la terre, qui ne peut pas changer ; en sorte que si jamais il venait à se perdre, on pût facilement le retrouver en recommençant à mesurer la terre.

Cette terre, sur laquelle vivent les hommes, a la forme d'une grosse boule ou ballon ; c'est ce que l'on nomme une SPHÈRE. Le tour de cette sphère contient *dix mille* lieues. MM. Méchain, Borda et Delambre, chargés de l'opération, mesurèrent la distance qui s'étend depuis Dunkerque (ville située au nord de la France) jusqu'à BARCELONNE (ville d'Espagne située au midi de la France). Ils purent ainsi connaître la longueur de tout le tour de la terre ; ensuite ils partagèrent cette longueur en quatre parties égales. Ce quart fut enfin divisé en dix millions de parties égales. Une de ces parties est la longueur du mètre. (Le contour de la terre, mesuré du nord vers le sud, s'appelle MÉRIDIEN TERRESTRE.) Ainsi, le MÈTRE EST LA DIX-MILLIONIÈME PARTIE DU QUART DU MÉRIDIEN TERRESTRE.

Lorsqu'on eut déterminé par ces moyens la longueur qu'il fallait donner au mètre, on fabriqua une règle (appelée ÉTALON) en PLATINE (*) ; on déposa cet étalon aux archives afin qu'il pût servir de modèles aux autres mètres que l'on devait fabriquer pour envoyer dans les divers départements de la France. Ces autres mètres, construits en cuivre, furent à leur tour de nouveaux modèles pour les autres mètres destinés aux marchands.

46. L'unité des mesures de longueur est, comme on a vu, le MÈTRE.

(*) Le platine est un métal blanc comme l'argent, assez mou pour pouvoir être rayé par l'ongle ou coupé avec des ciseaux, mais qu'on ne peut fondre au feu des fourneaux les plus chauds.

Il se fait ordinairement en bois ; les uns sont une barre droite et raide ; d'autres sont formés de petites lames de bois attachées au bout les unes des autres et qui peuvent se plier et se mettre dans la poche. Enfin, il y en a encore en ruban qui se roulent dans un petit baril en ivoire ou en os.

On a donné différents noms aux parties du mètre.

Chaque mètre est divisé en dix longueur égales appelées DÉCIMÈTRES.

Chaque décimètre se divise encore en dix parties égales appelées CENTIMÈTRES.

Chaque centimètre en dix parties égales appelées MILLIMÈTRES.

CCXLIV. — Combien un mètre contient-il de centimètres, de millimètres ?

CCXLV. — Combien deux mètres valent-ils de décimètres, de centimètres et de millimètres ?

Les instituteurs devront ainsi faire réduire en décimètres, centimètres et millimètres, un nombre quelconque de mètres ; par exemple : trois mètres, quâtre mètres, cinq mètres, etc., etc.

CCXLVI. — Combien quinze décimètres valent-ils de mètres ?

CCXLVII. — Combien cent dix-huit centimètres valent-ils de mètres ?

CCXLVIII. — Combien trois mille huit cent vingt-cinq millimètres valent-ils de mètres, de décimètres, de centimètres et de millimètres ?

Nous engageons encore ici les maîtres à faire réduire ainsi un certain nombre de décimètres, de centimètres, de millimètres en mètres, et à prolonger cet exercice jusqu'à ce que les enfants soient assez habiles pour répondre sans hésitation.

Les mesures plus grandes que le mètre ont aussi reçu des noms particuliers.

Dix mètres se nomment DÉCAMÈTRE.
Cent mètres id. HECTOMÈTRE.
Mille mètres id. KILOMÈTRE.
Dix mille mètres id. MYRIAMÈTRE.

CCXLIX. — Combien un hectomètre vaut-il de décamètres ?

Combien un kilomètre vaut-il de décamètres ?

Combien un myriamètre vaut-il de décamètres ?

Combien un kilomètre vaut-il d'hectomètres?

Combien un myriamètre vaut-il d'hecto-mètres?

Combien un myriamètre vaut-il de kilomètres?

CCL. — Combien un décamètre vaut-il de décimètres, de centimètres et de millimètres?

Combien un hectomètre vaut-il de déci-mètres, de centimètres et de millimètres?

Combien un kilomètre vaut-il de décimètres, de centimètres et de millimètres.

Combien un myriamètre vaut-il de décimètres, de centimètres et de millimètres.

Cet exercice doit être répété et retourné de toutes les façons, jusqu'à ce que l'élève puisse répondre imper-turbablement. On lui fera réduire ainsi non-seulement un décamètre, etc., mais plusieurs décamètres, hecto-mètres, etc., en autres mesures. Par exemple, combien sept décamètres valent-ils de mètres, de décimètres, etc.

CCLI. —Dans trois cent dix-huit mètres com-bien y a-t-il de mètres, de décamètres, d'hecto-mètres, etc.

Le décamètre sert à mesurer les champs de blé ou d'autres plantes; il est employé par les

ARPENTEURS (*). Ils se servent d'une chaîne en fer ayant un ou deux décamètres de long. Quand elle a deux décamètres on la nomme un double décamètre.

L'hectomètre, le kilomètre et le myriamètre, sont employés à mesurer les routes et se nomment MESURES ITINÉRAIRES.

Le kilomètre est le quart de la LIEUE. Une lieue vaut quatre kilomètres.

CCLII.—Combien faut-il de mètres pour faire une lieue ?

CCLIII. — Combien un myriamètre contient-il de lieues ?

CCLIV.—De Paris à Rouen on compte trente-quatre lieues ; dites combien cela fait de kilomètres, ou de myriamètres, ou de mètres.

Les hectomètres et les kilomètres se marquent sur les routes par des bornes numérotées.

47. La surface des terrains se mesure par le moyen d'un carré ayant dix mètres de long et autant de large. C'est un décamètre carré. Il s'appelle ARE.

(*) On appelle ainsi les gens qui mesurent les champs ; c'est ce que l'on nomme ARPENTER.

9

Un **ARE** ou décamètre carré contient cent mètres carrés, c'est-à-dire cent carrés dont chacun a un mètre de long et de large.

Un mètre carré contient cent décimètres carrés.

Un décimètre carré contient cent centimètres carrés.

Un centimètre carré contient cent millimètres carrés.

CCLV. — Combien dix-huit ares valent-ils de mètres carrés.

CCLVI. — Combien quatre cent vingt-sept mètres carrés valent-ils d'ares?

L'instituteur fera exécuter à l'élève un grand nombre de problèmes semblables jusqu'à ce que l'élève réponde sans hésitation.

Cent ares s'appellent **HECTARE**.

La centième partie de l'are, **CENTIARE**.

CCLVII. — Combien douze hectares, vingt-neuf ares, trente-quatre centiares, valent-ils de mètres carrés.

Un centiare étant la 100ᵉ partie de l'are vaut 1 mètre carré, donc 34 centiares font 34 mètres carrés; 1 are valant 100 mètres carrés, 29 ares valent 2,900 mètres carrés : on a donc déjà 2,934 mètres carrés. Enfin, 1 hectare vaut 100 ares ou 100 fois 100 mètres carrés, c'est-à-dire 10,000 mètres carrés : donc 12 hectares valent 12 fois 10,000 ou 120,000 mètres carrés; en tout 122,934 mètres carrés. On fera faire à l'élève de semblables transformations en grand nombre.

48. La mesure de SOLIDITÉ est celle qui sert à trouver combien un objet solide, comme une pierre à bâtir ou un morceau de bois, contient de volume.

L'unité a la forme d'un CUBE (par exemple, un dé à jouer ou une pierre de taille qui aurait longueur, largeur et épaisseur égales), et ce cube a un mètre de long, un mètre de large et un mètre de haut. Il s'appelle MÈTRE CUBE. Quand on l'emploie au bois de chauffage, on le nomme STÈRE.

Dix stères s'appellent DÉCASTÈRE.

La dixième partie du stère est dite DÉCA-STÈRE.

La centième partie du stère est dite CENTI-STÈRE.

Un mètre cube ou stère contient MILLE DÉCIMÈTRES CUBES.

Un décimètre cnbe contient MILLE CENTI-MÈTRES CUBES.

Il faut exercer les enfants à réduire les mètres cubes en stères, en décimètres ou en centimètres cubes, et *vice versa*.

La CAPACITÉ est le volume d'un objet creux : c'est la quantité de liquide que peut contenir un vase quelconque. L'unité des mesures de capacité est le LITRE : c'est la quantité de liquide que peut contenir un vase cubique ayant un décimètre de long, de large et de haut. C'est donc un décimètre cube : donc dans un mètre cube il y a mille décimètres cubes ou litres.

Dix litres se nomment : DÉCALITRE.

Cent — HECTOLITRE.

La dixième partie du litre, DÉCILITRE.

La centième, — CENTILITRE.

CCLVIII. — Combien un mètre cube vaut-il de litres, décalitres, hectolitres, décilitres et centilitres ?

CCLIX. — Combien un décimètre cube, un centimètre cube, vaut-il de litres, décalitres, etc.?

Il faut encore ici faire de très nombreux exercices

pour familiariser l'enfant avec tous ces termes nouveaux.

Le litre sert à mesurer le vin, l'eau-de-vie, l'huile, le lait, le cidre et en général toutes les liqueurs. Il est fabriqué en étain ou en ferblanc; il a la forme d'un CYLINDRE (par exemple, un verre à boire qui aurait la même épaisseur en haut et en bas, ou un tuyau de poële).

Le décalitre ou BOISSEAU sert à mesurer les grains, le blé, l'orge, etc. Il est en bois et a la forme d'un cylindre.

L'hectolitre sert à mesurer les liquides ou les grains.

49. L'unité des poids ou mesures de pesanteur se nomme GRAMME.

C'est le poids d'un *centimètre cube* d'eau (c'est la millième partie du litre).

Dix grammes se nomment : DÉCAGRAMME.
Cent grammes   —   HECTOGRAMME.
Mille grammes   —   KILOGRAMME.
La dixième partie du gramme DÉCIGRAMME.
La centième,   —   CENTIGRAMME.
La millième,   —   MILLIGRAMME.

9.

CCLX. — Combien un litre d'eau pèse-t-il de grammes?

Combien un décilitre d'eau pèse-t-il de grammes?

Combien un centilitre d'eau pèse-t-il de grammes?

On fera calculer l'enfant en lui demandant combien un certain nombre de litres, décalitres, etc., pèsent de grammes, de kilogrammes, etc., etc.

50. On appelle UNITÉ MONÉTAIRE, la pièce de monnaie qui sert d'unité pour mesurer les sommes d'argent.

L'unité est le FRANC. C'est une pièce d'argent qui pèse *cinq grammes.*

L'argent qui la compose n'est pas pur; la dixième partie est du cuivre. On appelle ce mélange d'argent et de cuivre un *alliage;* ainsi la pièce d'argent contient *neuf décigrammes* d'argent pur et un décigramme de cuivre.

Il y a en argent, au dessus du franc, la pièce de deux francs et la pièce de cinq francs.

Au dessous du franc, la pièce de un demi franc et de un cinquième de franc.

Le franc se partage en dix DÉCIMES.

Le décime en dix CENTIMES.

Il y a en cuivre de nouvelles pièces ; la pièce de UN DÉCIME, ou deux sous, qui pèse dix grammes.

La pièce de CINQ CENTIMES, ou un sou, qui pèse cinq grammes. Et enfin la pièce de UN CENTIME.

Ces diverses pièces se composent de trois métaux : cuivre, étain et zinc.

Il y a quatre-vingt-quinze parties de cuivre,
quatre — d'étain,
une — de zinc.

Enfin nous avons les pièces d'or. La pièce de dix francs, de vingt francs et de quarante francs. Elles sont formées d'un alliage contenant neuf parties d'or pur et une partie de cuivre.

La pièce de vingt francs pèse à peu près six grammes quarante-cinq centigrammes.

CCLXI. — Combien pèsent cent francs en or ?
— — argent ?
— — cuivre ?

Pour terminer ce petit livre, nous engageons de nouveau les mères et les instituteurs à multiplier tous ces petits problèmes en les présentant sous toutes les formes, et à ne point faire passer l'élève d'un chapitre au suivant avant qu'il ait parfaitement compris et qu'il sache exécuter sans la moindre hésitation tous les calculs précédents. Surtout, à chaque calcul, on doit exiger que l'enfant explique parfaitement ce qu'il fait, d'après les modèles que nous avons indiqués çà et là dans le corps de notre petit livre.

FIN.

TABLE DES MATIÈRES.